# BEI GRIN MACHT SICH IHR WISSEN BEZAHLT

**Bibliografische Information der Deutschen Nationalbibliothek:**

Die Deutsche Bibliothek verzeichnet diese Publikation in der Deutschen National-
bibliografie; detaillierte bibliografische Daten sind im Internet über http://dnb.d-
nb.de/ abrufbar.

**Impressum:**

Copyright © 2012 GRIN Verlag, Open Publishing GmbH
Druck und Bindung: Books on Demand GmbH, Norderstedt Germany
ISBN: 978-3-656-33179-7

**Dieses Buch bei GRIN:**

http://www.grin.com/de/e-book/206034/geschmack-und-schichtzugehoerigkeit-
inwiefern-ist-der-konsum-von-zucker

Lisa Marie Schäfer

# Geschmack und Schichtzugehörigkeit. Inwiefern ist der Konsum von Zucker abhängig von der Schichtzugehörigkeit?

GRIN Verlag

HAW Hamburg
Fakultät Life Sciences
Department Ökotrophologie
Wintersemester 2011/12
Abgabedatum: 29.02.2012
B.A. Ökotrophologie
Kommunikation, Psychologie, Soziologie

# Geschmack und Schichtzugehörigkeit

—

### Inwiefern ist der Konsum von Zucker abhängig von der Schichtzugehörigkeit?

# Inhaltsverzeichnis

# Einleitung

Diskussionen über Zucker sind in aller Munde – die „Volksdroge" soll indirekt jährlich bis zu 35 Millionen Todesfälle weltweit fordern. Gesundheitswissenschaftler und Ärzte warnen vor den Folgen von erhöhtem Zuckerkonsum und fordern ähnlich strenge Kontrollen wie für Alkohol und Tabak, da Saccharose Krankheiten wie Adipositas, Bauchspeicheldrüsenleiden und Zahnfäule fördere und zum Risiko von Herz-Kreislauf-Krankheiten und Autoimmunerkrankungen beitrage[1].

Angesichts dieser Tatsachen stellt sich die Frage, warum Zucker trotzdem eine so zentrale Rolle in unseren alltäglichen Essgewohnheiten einnimmt und vor allem wer vom erhöhten Konsum betroffen ist.

Ziel dieser Arbeit ist es, am Zuckerverzehr exemplarisch darzulegen, wie die Schichtzugehörigkeit[2] den Konsum von ungesunden Lebensmitteln beeinflusst und welche Gründe es dafür geben kann. Der theoretische Hintergrund ist Pierre Bourdieus Untersuchung zum Geschmack: „Die feinen Unterscheide".

Als Einstieg wird Bourdieus Theorie des Habitus und der Lebensstile zum klassenspezifischen Geschmack aus dem Jahr 1982 in ihren Grundzügen vorgestellt.

Daran anschließend wird der geschichtliche Hintergrund des Zuckerkonsums mit Hilfe der Texte „Die süße Macht. Kulturgeschichte des Zuckers" von Sidney Mintz und „Kochende Leidenschaft. Soziologie vom Kochen und Essen" von Jean-Claude Kaufmann dargelegt und Bourdieus Untersuchung zum Geschmack darauf angewendet.

Daraufhin wird im dritten Kapitel der aktuelle Zuckerkonsum zunächst auf Basis des Absatzes und der allgemeinen Verzehrgewohnheiten analysiert. Schließlich auf den Einfluss der sozioökonomischen Faktoren bzw. der Schichtzugehörigkeit untersucht und es werden denkbare Ursachen der Konsumunterschiede demonstriert.

Abschließend werden die Ergebnisse dieser Arbeit im Fazit prägnant zusammengefasst und mögliche Ansatzpunkte für Verbesserungen aufgezeigt.

---

[1] http://www.sueddeutsche.de/gesundheit/us-forscher-fordern-kontrollen-zucker-so-schaedlich-wie-alkohol-1.1273197 - letzter Aufruf: 19.02.2012
[2] Schichtzugehörigkeit wird in meiner Arbeit aufgrund von unzureichender Abgrenzung in Theorie und empirischen Studien ambivalent mit den Begriffen Klasse, Stand und sozialer Status verwendet.

# 1. Bourdieus Theorie zu Geschmack und Schichtzugehörigkeit

Bourdieu ist der Auffassung, dass Geschmack nichts Individuelles, sondern etwas von der Gesellschaft und dem sozialen Umfeld Geprägtes ist. Dabei spielen Sozialisation und soziale Herkunft eine entscheidende Rolle, da sie den Habitus ausbilden (vgl. Joas/Knöbl 2004: 534). Dieser ist als Wahrnehmungs- und Bewertungsschema zu verstehen (vgl. Joas 2007: 250), das sich beispielsweise neben Körpersprache, Kleidung und der Ausübung von Hobbies auch im Ess- und Trinkverhalten ausdrückt (vgl. Schilcher 2001: 16). Von Bedeutung ist, dass es sich dabei um ein unbewusstes Verhalten handelt, welches nur sehr langfristig und über Sozialisation veränderbar ist. So verhält es sich auch mit dem Geschmack: „Lebensstile die keineswegs bewusst gewählt sein müssen, offenbaren sich vor allem im klassenspezifischen Geschmack, den besonderen Vorlieben für oder gegen Musik-, Literatur-, Kunstrichtungen oder Moden und Essgewohnheiten, und in der „Distinktion", also der Abgrenzung gegenüber anderen Lebensstilen." (Joas 2007: 250)

Bourdieu differenziert hierbei drei Arten des Geschmacks:

- den legitimen Geschmack
- den mittleren Geschmack
- den populären Geschmack

Der „legitime Geschmack" ist größtenteils bei der herrschenden Klasse wiederzufinden. Diese grenzt sich durch den sogenannten „Luxusgeschmack" von den unteren Klassen ab und reproduziert damit immer wieder Grenzen und Unterschiede zwischen diesen (vgl. Joas/Knöbl 2004: 552).

„Wer in die Oberschicht hineingeboren wird, dem wird ein Eßgeschmack und ein diesbezüglicher Habitus ansozialisiert, durch den er sich fast automatisch deutlich von Personen anderen Standes abgrenzt." (Joas/Knöbl 2004: 553)

Mit dem „mittleren Geschmack" versucht die Mittelklasse laut Bourdieu dem Konsumverhalten der herrschenden Klasse nachzueifern. Dies allerdings ohne Erfolg, da es die Oberklasse immerzu versteht sich eindeutig abzugrenzen.

Der „populäre Geschmack" ist die Geschmacksart der unteren Klassen. Er ist als „Notwendigkeitsgeschmack" das Gegenstück zum „Luxusgeschmack".

Das Existentielle, Machbare und Praktische steht im Vordergrund (vgl. Joas 2007: 250), wobei Bedürfnisse und Möglichkeiten so eng miteinander verbunden sind, dass auch nur das angestrebt wird, was auch zu erreichen ist (vgl. Schilcher 2001: 20).

## 2. Geschichtlicher Hintergrund des Zuckerverzehrs

Die Theorie des klassenspezifischen Geschmacks lässt sich an der Geschichte des Zuckerkonsums nachvollziehen.

Das Verlangen nach Zucker ist sehr alt. Entdeckt in Persien und Indien, ausgebreitet über den Mittleren Osten und die Mittelmeerregion und schließlich als Heilmittel im Mittelalter in Europa verwendet, gewann Zucker aus Zuckerrohr immer mehr an Bedeutung. Vor allem die Engländer begehrten das damals noch rare Gewürz. Aufgrund des hohen Preises und der Seltenheit wurde Zucker zum Kennzeichen des „guten Geschmacks". Er wurde vorwiegend vom Großbürgertum konsumiert (vgl. Kaufmann 2005: 48f). Damit trat genau das ein, was Bourdieu in seiner klassenspezifischen Geschmackstheorie später formulierte: Zucker wurde als Rarität zum Symbol des „legitimen Geschmacks", das Großbürgertum konnte sich mit dem Zuckerkonsum vom Gewöhnlichen absetzen – „Das erste entscheidende Element in der Geschichte des Zuckers entstammte dem Prozess der Herausbildung sozialer Unterschiede." (Kaufmann 2005: 49)

Im 17. Jahrhundert setzte sich England mit Hilfe von Sklaven an die Spitze des globalen Zuckerhandels. Produktion und Konsum bedingten sich damit von Beginn an gegenseitig, das Imperium vergrößerte sich und Zucker wurde wie Tee zum „Definitionsmerkmal des englischen ‚Charakters'" (vgl. Mintz 1987: 68).

Aufgrund des steigenden Imports, wurde Zucker billiger und verbreitete sich in der Bevölkerung von den Adeligen über großbürgerliche Kaufleute, Unternehmern und Ladenbesitzern bis hin zur arbeitenden Stadtbevölkerung. Er lieferte Energie, bereitete wenig Arbeit in der Zubereitung und war für jedermann geschmacklich akzeptabel (vgl. Kaufmann 2005: 49f). Infolgedessen wurde der Zuckerkonsum in Bezug auf Bourdieus Theorie zum Bestandteil des „Notwendigkeitsgeschmacks". Diese Tatsache und ihre Konsequenz formulierte Mintz folgendermaßen: „Die Abnahme der symbolischen Bedeutung des Zuckers und die Zunahme seiner ökonomischen und ernährungstechnischen Relevanz hielten sozusagen negativ miteinander Schritt. Als der Zucker billiger wurde und reichlich vorhanden war, nahm seine Potenz als Machtsymbol stetig ab, während seine Potenz als Quelle von Profit stetig wuchs." (Mintz 1987: 125)

# 3. Derzeitige Situation des Zuckerkonsums in Deutschland

Im Folgenden sollen zunächst der Absatz und der quantitative Verzehr von Zucker in Deutschland aufgezeigt werden.
Daraufhin werden die sozioökonomischen Faktoren des Zuckerkonsums untersucht und mögliche Ursachen des ungleichen Verzehrs dargelegt.

## 3.1 Fakten zum Zuckerkonsum

### 3.1.1 Zuckerabsatz

Laut dem deutschen Zuckerverband ist der Zuckerabsatz in Deutschland seit Jahrzehnten nicht gestiegen. Er ist seit 1975 nahezu konstant und bewegt sich zwischen 34 und 36 kg pro Kopf und Jahr. Das entspricht auch dem heutigen EU-Durchschnittswert[3].

### 3.1.2 Zuckerverzehr

Darüber hinaus verdeutlichen Verzehrserhebungen[4] aus den Jahren 1985-1989 im Vergleich mit dem Jahr 1998 ebenfalls, dass sich der absolute Konsum nicht erhöht hat. Dies bestätigt auch eine Verzehrsstudie bei Kindern und Jugendlichen, die sogenannte DONALD-Studie[5].

## 3.2 Einflüsse des Zuckerkonsums

Nationale Verzehrsstudien ergaben, dass der Zuckerverzehr sowohl von der Altersgruppe als auch von der sozialen Schicht abhängig ist. Der durchschnittliche Konsum bewegt sich zwischen 43 und 83g pro Tag[6].

---

[3] www.zuckerverbaende.de/images/stories/docs/pdf/Folder_Uebergewicht.pdf – letzter Aufruf: 19.02.2012

[4] http://www.zuckerverbaende.de/images/stories/docs/pdf/Folder_Uebergewicht.pdf - letzter Aufruf: 19.02.2012 (neuere Studien liegen mir nicht vor)

[5] http://www.fke-do.de/content.php?seite=seiten/inhalt.php&details=559 - letzter Aufruf: 19.02.2012

[6] http://www.jodkrank.de/kinderernaehrungsbericht-bawue2002.pdf - letzter Aufruf 19.02.2012

Bei wachsendem Alter geht der Zuckeranteil in der Ernährung allgemein zurück. Der Zusammenhang zwischen Zuckerkonsum und Schichtzugehörigkeit ist komplexer. Es bedarf einer Untersuchung der sozioökonomischen Faktoren.

### 3.2.1 Sozioökonomische Faktoren

Wie das Sozialministerium und das Ministerium für Ernährung und Ländlichen Raum Baden-Württemberg 2002 in ihrer Studie zur Kinderernährung feststellten, haben Kinder aus Haushalten mit niedrigem Einkommen eine höhere Zufuhr an Zucker als Kinder aus Haushalten mit durchschnittlichem und hohem Einkommen. Nach einer Untersuchung von Klocke nimmt der Konsum von „ungesunden" Lebensmitteln wie Chips, Fast Food und Süßigkeiten von der oberen zur unteren sozialen Schicht kontinuierlich zu.

Kinder der unteren sozialen Schicht zwischen 8 und 9 Jahren haben im Vergleich 3,5-mal häufiger einen hohen Zuckerkonsum als Kinder der oberen Schicht. Jugendliche zwischen 13 und 14 Jahren sogar 4,9-mal häufiger. Man findet diesen Unterschied im Zuckerverzehr etwas geringer auch bei den Erwachsenen dieser Schichten wieder (vgl. Klocke 1995: 185-203).

### 3.2.2 Ursachen des ungleichen Verzehrs

Die Gründe für den ungleichen Zuckerkonsum der verschiedenen sozialen Schichten sind vielfältig. Ausschlaggebend für das Ernährungsverhalten der ganzen Familie sind neben Faktoren wie Traditionen, Gewohnheiten, persönlichen Vorlieben etc. (also des Habitus) vor allem sozioökonomische Faktoren, wie die berufliche Tätigkeit des Vaters, die Bildungsabschlüsse der Eltern und das Haushaltsnettoeinkommen.

Einkommensschwache Haushalte können ihre finanziellen Mittel nur sparsam für Nahrungsmittel einsetzen, damit ist die Lebensmittelvielfalt eingeschränkt. Außerdem führen mangelnde Kenntnisse über „gesunde" Ernährung, Nährstoffzufuhr und Lebensmittelzubereitung zu falschem Essverhalten. Eine häufige Folge ist Übergewicht (vgl. Sautter/Frädrich 2007: 14).

Dabei herrschen positive Wechselbeziehungen zwischen dem Bildungsabschluss der Mutter und der Qualität der Lebensmittel bei Kindern sowie zwischen den Bildungsabschlüssen der Eltern und der Verzehrhäufigkeit von Obst und Gemüse.

Negative Wechselbeziehungen herrschen zwischen den Bildungsabschlüssen und der Verzehrhäufigkeit von Süßigkeiten und Kuchen zwischen den Mahlzeiten (vgl. Diehl 1986: S.25).

Die Schichtzugehörigkeit hat allerdings auch Auswirkungen auf die Ernährungserziehung, wie Diehls Studie von 1986 zeigt. Mütter mit niedrigerem sozioökonomischem Status richten sich häufiger als Mütter der oberen Schichten nach den Vorlieben ihrer Kinder, und nutzen Süßigkeiten als Trostpflaster oder Belohnung. Mütter mit höherem sozioökonomischem Status greifen stärker in das Ernährungsverhalten der Familie ein (vgl. Diehl 1986: S. 25f).

## 4. Fazit / Ausblick

Entgegen zahlreicher Mutmaßungen in den Medien hat sich der Zuckerverzehr in Deutschland trotz in Mode gekommener Zuckerbomben wie Cupcakes und Cookies nicht erhöht. Ob diese Tatsache mit der Gesundheitsaufklärung, immer neuen Möglichkeiten von Zuckeraustauschstoffen oder anderen Größen zusammenhängt, ist ungeklärt.

Empirisch belegt ist jedoch der Zusammenhang zwischen dem Essverhalten und der sozialen Schicht, insbesondere des Verzehrs von „ungesunden" Lebensmitteln. Wie exemplarisch am Zuckerverzehr gezeigt wurde, ernähren sich Kinder aus unteren sozialen Schichten durchschnittlich ungesünder, als Kinder aus Familien mit höherem sozialen Status. Somit ist Bourdieus Theorie aus „Die feinen Unterschiede" von 1982 immer noch aktuell und zeigt den enormen Handlungsbedarf von Politik und Medien in Bildungsmaßnahmen und Aufklärungsarbeit, die alle Schichten erreicht.

Zeichen mit Leerzeichen: 12.989

Zitierstil: Harvard Methode

(Fußnote bei Verweisen zu Quellen aus dem Internet)

# Literaturverzeichnis

Bartens, Werner: Zucker – so schädlich wie Alkohol?. Süddeutsche Zeitung: http://www.sueddeutsche.de/gesundheit/us-forscher-fordern-kontrollen-zucker-so-schaedlich-wie-alkohol-1.1273197 - letzter Aufruf: 19.02.2012

Bourdieu, Pierre: Die feinen Unterschiede, Kritik an der gesellschaftlichen Urteilskraft. 21. Auflage. Suhrkamp Verlag, Frankfurt am Main: 1982

DGE (Deutsche Gesellschaft für Ernährung, Hg.): Ernährungsbericht 2000. Im Auftrag des Bundesministeriums für Gesundheit und des Bundesministeriums für Ernährung, Landwirtschaft und Forsten. Frankfurt: 2000

Diehl, Jörg: Ernährungspsychologie. 3. Auflage. Verlag Fachbuchhandlung für Psychologie, Frankfurt am Main: 1986

Fischer Boel, Mariann: Die europäische Zuckerwirtschaft, eine wettbewerbsfähige Zukunftsperspektive: http://ec.europa.eu/agriculture/capreform/sugar/infopack_de.pdf - letzter Aufruf 19.02.2012

FKE (Forschungsinstitut für Kinderernährung Dortmund): DONALD Studie: http://www.fke-do.de/content.php?seite=seiten/inhalt.php&details=559 - letzter Aufruf: 19.02.2012

Joas, Hans.: Lehrbuch der Soziologie. 3. Überarbeitete Auflage. Campus Verlag, Frankfurt/New York Campus Verlag: 2007, S. 242-266

Joas, Hans / Knöbl, Wolfgang: Sozialtheorie, Zwanzig einführende Vorlesungen. Suhrkamp, Frankfurt am Main: 2004

Kaufmann, Jean-Claude: Kochende Leidenschaft, Soziologie vom Kochen und Essen. UVK Verlagsgesellschaft mbH, Konstanz: 2006

Klocke, Andreas: Der Einfluss sozialer Ungleichheit auf das Ernährungsverhalten im Kinder- und Jugendalter. Ernährung in der Armut. Gesundheitliche, soziale und kulturelle Folgen in der Bundesrepublik Deutschland, Berlin: 1995, S. 185- 203

Mintz, Sidney Wilfred: Die süße Macht. Kulturgeschichte des Zuckers. Campus Verlag, Frankfurt am Main: 1987

MLR (Ministerium für Ernährung und Ländlichen Raum Baden-Württemberg, Sozialministerium Baden-Württemberg, Hg.): Kinderernährung in Baden-Württemberg: http://www.jodkrank.de/kinderernaehrungsbericht-bawue2002.pdf - letzter Aufruf: 19.02.2012

Philipps, Ulrike: Evaluation gesundheitsfördernder Maßnahmen bezüglich des Ernährungsverhaltens von Grundschulkindern. 1., Auflage. Klinkhardt Verlag, Schwäbisch Gmünd: 2004

RKI (Robert Koch Institut): EsKiMo – Was essen unsere Kinder? http://www.rki.de/DE/ Content/GBE/Erhebungen/Gesundheitsurveys/Eskimo/eskimo__node.html - letzter Aufruf: 19.02.2012

Sautter, Nicola / Frädrich, Stefan: besser essen - Leben leicht gemacht. Zabert Sandmann Verlag, München: 2007

Schilcher, Christian: Der Beitrag von Pierre Bourdieu zur Sozialstrukturanalyse der gegenwärtigen Gesellschaft: http://www.sicetnon.org/content/perform/Schilcher_Bourdieu. pdf - letzter Aufruf: 19.02.2012

Wirtschaftliche Vereinigung Zucker e.V.: Zucker & Übergewicht: http://www.zuckerver-baende.de/images/stories/docs/pdf/Folder_Uebergewicht.pdf - letzter Aufruf: 19.02.2012